莎莎的好感料理

滿載心意的100道美味提案

蔡佩珊（莎莎）—著

記得來美國的第一年，每到週末跟媽媽講越洋電話（那年代還是用電話卡撥國際電話），媽媽總是説：「你是去美國念書的，還是去跟朋友趴踢的？」的確，留學生到了異地，最常做的一件事就是尋找安全感。俗話説的好，人不親土親，可以找到講同樣語言、吃同樣家鄉味的人，即使不相識，也因此得到了慰藉。所以唸書時代，我都會很守本分的把書唸完後，相約三五好友一起聚聚，美食配美酒，美女配八卦……這就是每個週末的計畫。

久而久之，也很入境隨俗的融入西方愛 Party 的生活方式與態度。努力工作之餘，也很充分的利用時間放鬆、充電。而且我們會很盡力的為了要吃什麼而想理由相聚，舉例來説，當好想吃蛋餅跟飯糰，那就開個台式早餐趴！想吃甜點，就開個姊妹淘兒下午茶！天氣好，想帶孩子去野餐就開個小童放風野餐趴！明天紅襪隊大戰洋基，也要開趴！諸如此類的，有種為了要相聚，為了要享受美食，在所不惜也要開趴的概念！

這次以 Party 為主題設計了 100 道萬用百搭料理，將看似平凡的食材和家常菜，變身為派對料理，華麗上桌。這樣一來，也省得絞盡腦汁還要設計 Party 食譜。我一向追求的都是隨興但不隨便，簡單又快速的美味料理。希望這本食譜書可以讓大家開心放鬆的相聚、幸福安心的享受美食。

1

好活力！
元氣滿點早午餐

以豐盛的料理開啟全新的篇章，
一整天都擁有充沛能量！

燻鮭魚蛋帕尼尼

🥜 材料

歐式吐司 2 片
雞蛋 2 顆
起司片 數片
燻鮭魚 30g
生菜 適量

🍚 調味配料

沙拉醬

♨️ 烹調步驟

1　雞蛋與燻鮭魚拌勻

2　將蛋液煎成蛋包（盡量與吐司同大小）

3　吐司抹上沙拉醬，鋪上蛋包與起司片

4　用帕尼尼烤盤加熱，烤到表面上色

5　搭配生菜沙拉一起盛盤即完成

溫馨 Note

燻鮭魚和起司片都有鹹味，所以不必加鹽巴

嫩薑燒肉滿福堡

材料

滿福堡 3 個

肉片 150g

嫩薑 1 小把

雞蛋 3 顆

苜蓿芽 1 杯

調味配料

醬油 1 大匙

素蠔油 1 小匙

味霖 1 小匙

米酒 1 大匙

香麻油 1/2 小匙

烹調步驟

1 肉片與調味配料抓捏均勻、醃入味

2 將雞蛋煎成蛋包

3 肉片炒熟，起鍋前加入嫩薑拌勻

4 把滿福堡烤一下，將苜蓿芽、蛋包和嫩薑燒肉組合在一起即完成

溫馨 Note

麵包體或生菜葉可依個人喜好調整

楓糖熱狗吐司捲

✎ 材料

吐司 2 片

熱狗 2 根

酸黃瓜 1 大匙

雞蛋 1 顆

🥄 沾醬

楓糖漿

♨ 烹調步驟

1　吐司用擀麵棍壓平後，放上熱狗與酸黃瓜

2　捲起，收口處抹些蛋液黏緊

3　熱狗捲表面裹上蛋液

4　入鍋煎熟即可

溫馨 Note

若不喜歡甜鹹口味混雜，可將楓糖漿換成番茄醬

台式肉鬆蔥蛋餅

🥮 **餅皮材料**

中筋麵粉 3 大匙

地瓜粉 1 大匙

水 6 大匙

蔥花 1 大匙

鹽巴 適量

⋰ **內餡材料**

雞蛋 1 顆

肉鬆 2 大匙

🍲 **烹調步驟**

1　將粉漿材料調勻備用

2　取一煎鍋，倒入適量粉漿，煎成蛋餅皮

3　鋪上內餡，捲起後即完成

溫馨
Note

・內餡材料可依個人喜好調整

・地瓜粉可用太白粉代替

蘑菇起司火腿蛋捲

🥢 材料

雞蛋 2 顆

乳酪絲 2 大匙

蘑菇 2-3 朵（切片）

火腿 2 片

青蔥 1 支

蒜頭 1 顆

🍲 調味配料

鹽巴 適量

黑胡椒粉 適量

🍲 烹調步驟

1 雞蛋打散、倒入鍋中，鋪上火腿與乳酪絲

2 捲起來做成蛋包，再將表面煎上色後起鍋盛盤

3 鍋內倒少許油，爆香蒜末與蔥花，加入蘑菇

4 以適量的鹽巴與黑胡椒調味

5 將炒好的蘑菇鋪在蛋包上即完成

溫馨 Note

火腿可用培根、鮪魚或肉鬆代替

RECIPE

韭菜紫地瓜餅

材料

中筋麵粉 1 杯

紫地瓜粉 1 大匙

水 0.4-0.5 杯

韭菜 1 把

雞蛋 1 顆

調味配料

鹽巴 適量

白胡椒粉 適量

香麻油 適量

烹調步驟

1 中筋麵粉／紫地瓜粉／鹽巴／白胡椒粉與水慢慢拌勻

2 揉成不黏手的麵糰

3 韭菜切末，拌入鹽巴／白胡椒粉調味

4 將麵糰擀開，抹少許的香麻油，鋪上韭菜末，捲起後擀成餅

5 平底鍋中倒少許油，將餅煎至表面酥脆，打個蛋在表面煎熟即完成

溫馨 Note

• 韭菜可用蔥花／香菜／芹菜代替

• 份量可自行調整，只要拿捏好「粉：水＝1：0.4-0.5」即可

布丁法式吐司

📖 材料

厚片吐司 2 片

雞蛋 2 顆

牛奶 2 大匙

香草醬 1/2 小匙

肉桂粉 少許（可省略）

♨ 烹調步驟

1 雞蛋／牛奶／香草醬／肉桂粉，拌勻成蛋液

2 將厚片吐司浸泡在蛋液中，冷藏保存 3 小時

3 中途將吐司翻面，確定兩面都吸飽蛋液

4 平底鍋中放奶油，將吐司煎到表面上色後，放入烤箱

5 烤箱預熱 350 °F 或 175℃，烤 20 分鐘至吐司內部和蛋液都熟透即完成

溫馨 Note

香草醬也可用香草籽或香草精代替

RECIPE

草莓奶酥厚片

材料

軟式法國麵包 1 條

抹醬

奶油 110g

煉奶 80g

奶粉 75g

草莓乾 2-3 大匙

事前準備

奶油放在室溫軟化 2-3 小時

烹調步驟

1 將軟化的奶油與煉奶拌勻

2 加入奶粉成為奶酥醬

3 草莓乾剪成小丁，拌入奶酥醬中便完成抹醬

4 軟法麵包切片，均勻塗上抹醬，冷凍定型後即可用保存容器冷凍保存

5 食用前以烤箱烘烤上色即可

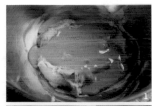

溫馨 Note

・奶粉請使用烘焙專用奶粉

・草莓乾可用蔓越莓乾、葡萄乾或其他果乾代替

飄飄雲朵蛋

材料

雞蛋 2 顆

熱狗 2 根

番茄 數顆

調味配料

鹽巴 適量

黑胡椒 適量

調味粉 適量

烹調步驟

1 打兩顆雞蛋,把蛋白與蛋黃分開

2 將蛋白打發至硬性發泡、尾端可拉出尖角,加入鹽巴拌勻

3 打發的蛋白分成兩份,鋪在烤盤紙上,稍微整形一番

4 送入烤箱,用 350 °F 或 175℃ 烤 5 分鐘

5 在中央倒入蛋黃,再烤 3 分鐘

6 搭配煎好的熱狗與番茄即完成

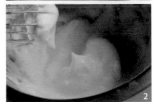

溫馨 Note

蛋白整形時,可稍微在中心壓出凹洞,以方便放置蛋黃,避免滑落

RECIPE

香醇煉奶饅頭

材料

中筋麵粉 170g

水 75ml

煉奶 35g

鹽巴 2g

速發酵母 3g

烹調步驟

1 所有材料用麵包機的揉麵團功能攪打成糰

2 取出麵糰後、用深碗倒扣蓋住，靜置 5 分鐘待麵糰鬆弛

3 將麵糰擀捲，盡量把麵糰內的空氣擀平排出

4 整形成自己喜愛的形狀 / 大小

5 放入蒸籠中發酵 20-30 分鐘

6 冷水開始蒸，水煮滾後，轉小火續蒸 12 分鐘

溫馨 Note

鍋蓋可用布包起來，並放根竹筷子隔出隙縫，好讓蒸氣排出，可避免蒸氣太旺而產生皺皮

芋香燕麥奶

材料

蒸熟芋頭（含糖）1 碗

牛奶 200-300ml

即食燕麥片 30g

烹調步驟

1　將所有材料放入果汁機中

2　攪打至無顆粒即完成

温馨
Note

・若怕燕麥片有生味的話，可加在熱牛奶裡泡軟

・牛奶份量可依個人喜歡的濃稠度去調整，也可酌量加糖

RECIPE

芝麻紅豆五穀漿

✍ 材料

紅豆五穀粥 1 杯
黑 / 白芝麻各 1 小匙
飲用水 適量

🕐 事前準備

紅豆五穀粥的作法請參閱
P.210-211

🖐 烹調步驟

1　將所有材料倒入調理機

2　水的比例請依個人喜愛的濃稠度做調整

3　高速打成滑順的五穀漿即完成

溫馨
Note

甜度可自行斟酌

2

好療癒！
樂享午茶好食光

來場悠然自得的午茶約會，
尋回難得的寧靜愜意時光。

RECIPE

香蕉棉花糖厚片

材料

厚片吐司 1 片
棉花糖 數個
香蕉 1 根
巧克力醬 適量

烹調步驟

1　香蕉切片，用少許奶油煎到焦化

2　棉花糖剪半，滿滿的舖在吐司上

3　用烤箱烤至棉花糖膨起並上色

4　出爐後擺上香蕉、淋巧克力醬即完成

溫馨
Note

• 若沒有太多時間，第 1 個步驟可省略

• 棉花糖的焦化速度很快，務必要在旁顧著

柑橘貝殼蛋糕

材料

中筋麵粉 100g

無鋁泡打粉 3g

糖 50g

雞蛋 2 顆

鹽巴 2g

奶油 110g

柑橘果醬 2 大匙

烹調步驟

1 奶油放入小鍋中慢火熬至焦糖色，降溫後備用

2 麵粉 / 泡打粉 / 糖 / 雞蛋 / 柑橘醬，拌勻成麵糊

3 將奶油慢慢加到麵糊中，邊倒邊攪拌

4 完全拌勻後，冷藏靜置 4-6 小時

5 烤箱預熱 375 °F 或 190°C，烤 12-15 分鐘即可

溫馨 Note

• 融化奶油時要顧爐，以免煮過頭

• 柑橘果醬可用其他口味果醬代替

巧克力蝴蝶酥餅

材料

酥皮 1 份

糖 1 大匙

無糖可可粉 1 小匙

烹調步驟

1　糖與可可粉拌勻

2　均勻鋪在酥皮上，由兩側向中央捲起來

3　切 1 公分厚片

4　烤箱預熱 400 °F 或 200℃，烤 15-18 分鐘即可

溫馨 Note

• 無糖可可粉，可變化成抹茶粉、紫地瓜粉、南瓜粉等天然色粉

• 酥皮使用前要稍微退冰以方便操作

RECIPE

花生醬布朗尼

材料

雞蛋 2 顆

糖 200g

水 50ml

黑巧克力 30g

中筋麵粉 100g

無糖可可粉 30g

葡萄籽油 80ml

香草醬 5g

泡打粉 2g

鹽巴 2g

口味

巧克力豆 30g

花生醬 3 大匙

烹調步驟

1　取攪拌盆，將雞蛋 / 油 / 香草醬 / 中筋麵粉 / 可可粉 / 泡打粉 / 鹽巴拌勻

2　鍋中放入黑巧克力 / 水 / 糖，小火煮到巧克力融化

3　待巧克力降溫後，和 1 拌勻

4　加入巧克力豆，將麵糊倒入烤模

5　在麵糊上點綴花生醬，放入烤箱

6　烤箱預熱 350 ℉ 或 175℃，烤 30-40 分鐘即可

溫馨 Note

• 葡萄籽油可用「不搶味」的油脂代替，比如蔬菜油、葵花油

• 口味變化材料也可使用堅果類

• 烘烤時間須依照烤模厚度調整

起司薄脆餅

材料

起司塊 1 塊

芝麻粒 少許

烹調步驟

1　將起司塊刨成絲

2　烤盤上鋪上起司、撒上芝麻粒

3　每個餅之間須預留空間

4　用 350 °F 或 175℃ 烤 10-12 分鐘

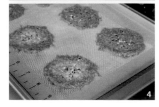

溫馨 Note

起司塊也可直接用乳酪絲代替

（這裡用的是香檳口味起司塊）

RECIPE

阿薩姆藍莓司康

🫘 乾性材料

中筋麵粉 200g

無鋁泡打粉 5g

糖 15g

鹽巴 3g

阿薩姆紅茶粉 3g

冰過的奶油 100g

🥣 濕性材料

鮮奶 60ml

香草優格 50g

全蛋液 25g

🫘 口味

藍莓乾 適量

🍲 烹調步驟

1 將乾粉類、糖和鹽巴拌勻後，加入切成薄片的奶油，用手將奶油與乾粉捏捏成小塊狀

2 加入濕性材料和藍莓乾、拌勻，完成麵糰

3 用保鮮膜將麵糰包好，冷凍 20 分鐘定型

4 麵糰取出，切成適當大小或形狀，表面可塗抹蛋液幫助上色

5 放入烤箱 375 °F 或 190℃，烤 20 分鐘即可

溫馨 Note

藍莓乾可用其他果乾代替，不建議使用新鮮水果

小山圓抹茶手工餅

材料

室溫軟化奶油 50g

糖粉 45g

蛋白 15g

低筋麵粉 80g

杏仁粉（烘焙專用） 20g

小山圓抹茶粉 5g

烹調步驟

1　奶油與糖粉拌勻後，陸續加入蛋白與其它乾粉類材料、攪拌成糰

2　將麵糰擀成 0.5-0.8 公分薄片後，冷凍 30 分鐘定型

3　裁切或壓模成適當大小，擺放於烤盤上

4　烤箱預熱 350 °F 或 175℃，烤 13-15 分鐘即可

溫馨 Note

• 抹茶粉可用可可粉代替，做成巧克力口味

• 倘若杏仁粉取材不便，可改以低筋麵粉 100g 來製作

RECIPE

經典美式巧克力豆餅

🍪 餅乾麵糰

無鹽奶油 110g

中筋麵粉 180g

白糖 90g

二砂糖 60g

雞蛋 1 顆

香草醬 3g

小蘇打粉 3g

鹽巴 2g

∴ 口味

各式巧克力豆 適量

♨ 烹調步驟

1　攪拌機內放入融化奶油 / 白糖 / 二砂糖，攪打 2 分鐘

2　加入雞蛋與香草醬，混合均勻

3　取另一個碗，將麵粉 / 小蘇打粉 / 鹽巴拌勻後，分 3 次倒入攪拌機內

4　完成餅乾麵糰後，加入適量巧克力豆

5　將麵糰整形成 1 公分厚的小圓餅，放在烤盤上

6　烤箱預熱 350 ℉ 或 175℃，烤 10-12 分鐘

7　出爐、冷卻後即可裝盤

温馨
Note

這裡使用了 3 種巧克力豆：白巧克力、焦糖巧克力以及苦甜巧克力

RECIPE

草莓乳酪蛋糕

材料

奶油乳酪 8oz（226g）

白糖 65g

雞蛋 1 顆

檸檬汁 1 小匙

檸檬皮屑 1/2 小匙

裝飾材料

果醬與新鮮草莓

事前準備

奶油乳酪與雞蛋退冰 1 小時

烹調步驟

1 用攪拌機將奶油乳酪和糖以高速 1 分鐘打勻

2 加入雞蛋／檸檬汁／檸檬皮屑，成乳酪糊

3 準備一個 4 吋烤模，將乳酪糊倒入並刮平

4 烤箱預熱 350 °F 或 175℃，烤 22 分鐘、關火，再燜 10 分鐘出爐

5 將烤好的蛋糕放涼後冷藏，食用前以果醬和水果裝飾即可

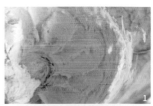
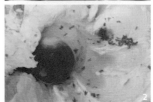

溫馨 Note

• 果醬可以幫助水果貼黏在蛋糕表面上

• 水果可依個人喜好挑選

黑糖蜜地瓜

材料

地瓜 1 顆
黑糖 1/3 杯（烘培量杯）
麥芽糖或龍舌蘭糖漿 1/4 杯
水 2 大匙

烹調步驟

1　將地瓜去皮後，切塊（尺寸盡量一致）

2　取一深鍋，放入糖漿、黑糖和水，煮滾

3　地瓜放入糖漿內熬煮，煮至熟透即完成

溫 馨
Note

• 冷藏過的蜜地瓜吃起來更 Q

• 蜜地瓜的糖漿也可拿來淋在鬆餅上

蒸焦糖雞蛋布丁

🍮 焦糖材料

白糖 5 大匙

水 3 大匙

🍵 布丁液材料

鮮奶 480ml

糖 65g

雞蛋 4 顆

香草醬 1 小匙

🍲 烹調步驟

1　煮焦糖。將糖與水放入小鍋中，小火煮至焦糖色

2　趁熱將焦糖倒在布丁杯中

3　鮮奶＋糖，加熱至糖融化，再緩緩倒入雞蛋與香草醬，慢慢拌勻成布丁液

4　將布丁液過篩，倒入布丁杯中

5　水煮沸，布丁入鍋蒸，以小火煮 8-10 分鐘

溫馨 Note

過篩動作是要去除沒有打勻的蛋液與空氣，確保布丁滑嫩

茶香伯爵奶酪

材料

鮮奶油 400ml

鮮奶 400ml

白糖 80g

伯爵茶粉 5-8g

吉利丁片 8-10g

烹調步驟

1　吉利丁片用冷水泡軟、備用

2　鮮奶油與鮮奶加熱至微溫，加入白糖與伯爵茶粉，攪勻、靜置 5 分鐘

3　將吉利丁片瀝乾水份，放入奶茶液中拌勻

4　奶茶液裝模後，冷藏至凝固定型即完成

溫馨 Note

• 將伯爵茶粉移除，即為鮮奶酪

• 吉利丁粉的量可依個人喜歡的口感來調整

3

好嘴饞！
銷魂級深夜食堂

在寂靜午夜來碗熱騰騰的美食，
人生最大的滿足，莫過於此！

鹽麴烤雞腿

材料
雞腿肉 2 片
蔬菜類 適量

調味配料
鹽麴 1 小匙
醬油 1 大匙

烹調步驟

1　雞腿肉加入鹽麴與醬油抓捏，醃 15 分鐘入味

2　將醃好的雞腿用烤箱 350 ℉或 175℃，烤 10 分鐘

3　蔬菜類可和雞腿一起烤，或簡單水煮也可以

溫馨 Note

• 雞腿的烹調時間須依照肉的厚薄度調整，務必要烤熟

• 這裡使用的蔬菜是青花筍和蘑菇

馬鈴薯粉蒸排骨

材料

排骨 適量
馬鈴薯 1 顆
白菜葉 數片（鋪底用）
蒸肉粉 2 大匙

調味配料

醬油 1 大匙
米酒 1 小匙
麻油 1 小匙

烹調步驟

1 排骨用調味配料抓捏，灑上蒸肉粉後拌勻

2 取深碗，鋪上白菜、馬鈴薯和排骨

3 用電鍋蒸到排骨軟嫩（約 30-40 分鐘）

溫馨 Note

- 馬鈴薯可用地瓜、南瓜或山藥代替
- 這裡用的蒸肉粉為市售的五香蒸肉粉

蘑菇蒸肉餅

材料

里肌肉片（手掌大）2 片
蘑菇 2 顆
青蔥 1 支
蒜頭 2 顆
紅甜椒 1 小片
雞蛋 1 顆

調味配料

醬油 1/2 大匙
米酒 1/2 大匙
麻油 1 小匙
全蛋液 1 大匙
地瓜粉 1/2 小匙

烹調步驟

1 里肌肉片用調理機打成肉末

2 蘑菇、紅椒、蒜頭也打成細末，再用平底鍋炒軟

3 取調理盆，將肉末、蘑菇蔬菜末、蔥花及調味配料拌勻

4 將肉餡鋪在碗裡，中間挖個洞放雞蛋

5 用電鍋，外鍋放半杯水，蒸熟即完成

溫馨 Note

• 也可直接以絞肉來製作

味噌烤飯糰

材料

白飯或多穀飯 1 碗
蜜汁堅果 1 大匙
黑芝麻 少許

抹醬

味噌 1 大匙
麥芽糖 1.5-2 小匙

烹調步驟

1 做抹醬。將味噌與麥芽糖調勻、備用

2 白飯加入堅果碎,整形成三角飯糰(確實壓緊)

3 取適量的抹醬塗在飯糰上,灑上黑芝麻

4 用烤箱烤到味噌表面微上色即可

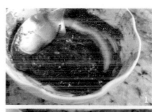

溫馨 Note

• 麥芽糖可用蜂蜜代替

• 不同品牌味噌的鹹度不一,鹹甜度可酌量調整

鰻魚番茄炊飯

🥢 材料

米 1 杯
柴魚高湯 1 杯
小番茄 6 顆
菇類 1 小把
蒲燒鰻 1 條（切片）
洋蔥酥 1 小匙

🍚 調味配料

鰹魚醬油 1 小匙
米酒 1 小匙
白胡椒粉 適量

宵夜

🍲 烹調步驟

1 電鍋中放入洗好的米 / 高湯 / 小番茄 / 菇類 / 鰻魚片
  / 鰹魚醬油 / 米酒，外鍋放 1 杯水

2 待電鍋開關跳起，燜 15 分鐘

3 開蓋，撒上白胡椒粉和洋蔥酥，將所有材料拌勻即可

溫馨 Note

• 柴魚高湯的鹹淡度不同，可用鹽巴酌量調味

• 洋蔥酥可用油蔥酥或蒜酥代替，起鍋前再拌入，以保持酥脆口感

滑蛋海鮮粥

🍴 材料

海鮮（蛤蠣, 鮭魚, 蝦子, 花枝） 適量
白飯 1 碗
薑 1 片
蔥 1 支
高湯 適量

🍲 調味配料

鹽巴 適量
白胡椒粉 適量
米酒 50ml
香油 少許

🍲 烹調步驟

1　薑片與蛤蠣放入高湯中，以小火熬 5 分鐘至蛤蠣全開後，撈起備用

2　加入白飯與米酒熬煮至粥狀

3　放海鮮料續熬 2-3 分鐘

4　起鍋前將蛤蠣回鍋，打入蛋花、加鹽巴、淋香油、撒胡椒粉即可

溫馨
Note

• 海鮮種類可依個人喜好選擇，以肉片代替也可
• 建議白飯可先冷凍，可更快熬煮完成

RECIPE

和風烏龍冷麵

材料

烏龍麵 1 人份

鮮蝦 2 尾

五花肉片 4 片

黃瓜 1 條

醬汁材料

醬油 2 大匙

冷開水 1-2 大匙

糖 1/4 小匙

炒熟的黑 / 白芝麻 1 大匙

蒜酥 1 大匙

辣油或辣醬 適量

烹調步驟

1　烏龍麵與其他配料先燙熟、黃瓜刨成絲，備用

2　醬汁調勻，食用前淋在麵上、拌勻即可

溫馨 Note

• 鮮蝦和五花肉片為配料，可依個人喜好自由替換

• 醬汁的鹹淡度可依個人口味酌量調整

RECIPE

肉燥炒泡麵

材料

泡麵 1 包
蔬菜 適量
肉燥 3 大匙

調味配料

泡麵附的醬料 各 1 包
水 適量

烹調步驟

1　泡麵下鍋燙一下，半熟即起鍋、備用

2　蔬菜下鍋炒軟後，加入肉燥翻炒

3　把泡麵與調味配料回鍋，並加入適量的水煨煮

4　起鍋前做最後的調味

溫馨 Note

• 泡麵口味可依個人喜好挑選，這裡使用的是泡菜口味

• 肉燥也可用醃好的肉片代替

蔥雞粿仔湯

🍲 材料

雞腿 1-2 支
鹹粿 適量
冬菜 1 小匙
蔥 2-3 支
薑 1 片
蒜頭 2 顆
蛤蠣 2-3 顆（可省略）

🍚 調味配料

雞高湯或水 適量
白胡椒粉 少許

♨ 烹調步驟

1　將雞肉 / 薑片 / 蒜頭放入湯鍋中，熬煮 15 分鐘至雞肉熟透

2　可加入蒸熟蛤蠣增添鮮味

3　起鍋前加入鹹粿、蔥花及冬菜，小火續煮 3 分鐘

4　灑上少許白胡椒粉即完成

溫馨
Note

鹹粿可用粿條代替

油豆腐鑲肉細麵

🥢 材料

油豆腐（泡）數顆
細麵 一把
高湯 適量

⋰ 肉餡材料

絞肉 100g
黑木耳絲 1 大匙
蔥花 1 大匙
香菜末 1 小匙
蒜泥 1 小匙
洋蔥泥 1 小匙

🥄 調味配料

醬油 1 大匙
香麻油 1 小匙
白胡椒粉 適量

🍲 烹調步驟

1　油豆腐挖個洞，中心也挖空

2　取出的豆腐末、肉餡材料和調味配料，拌勻

3　將適量肉餡塞滿油豆腐，肉餡表面沾一點地瓜粉定型

4　加熱高湯，放入油豆腐鑲肉，與各式配料煮熟

5　最後搭配細麵或各式麵條即完成

溫馨 Note

配料可自由選擇，這裡使用白蘿蔔、花椰菜及杏鮑菇

RECIPE V

啤酒鴨雞絲麵

🥢 材料

鴨腿 2 支
啤酒 1 罐
乾杏鮑菇 5-8 片
薑片 2 片
蒜頭 2-3 顆
當歸 2 片
紅棗 1 顆
枸杞 1 小匙
雞絲麵 2 包

🍲 調味配料

米酒 50ml
鹽巴 適量

🍲 烹調步驟

1　鴨腿汆燙後，與杏鮑菇、薑片、蒜頭、當歸、紅棗、啤酒及適量的水入鍋熬煮

2　用米酒浸泡枸杞、備用

3　小火慢燉湯品（約 1 小時），放入枸杞米酒與鹽巴調味，再續熬 10 分鐘

4　食用時搭配雞絲麵即可

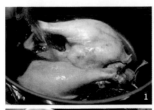

溫馨 Note

• 鴨腿可用雞腿代替

• 啤酒品牌依個人喜好，方便取材即可

鮮肉餛飩麵

🥜 材料

餛飩皮 12 張
豬絞肉 50g
蔥花 1 大匙
香菜末 1 大匙
蒜末 1 小匙

🍚 調味配料

醬油 1/2 大匙
麻油 少許

🕐 事前準備

高湯 適量
麵條 1 人份

♨ 烹調步驟

1　將肉餡材料與調味配料拌勻

2　取適量肉餡包入餛飩皮內，周邊確實黏緊

3　包好的餛飩下鍋煮熟後，即可搭配高湯與麵條食用

溫馨 Note

餛飩肉餡也可拌入蝦泥，增添口感與風味

RECIPE V

檸檬蒜酥義大利麵

🥢 材料

義大利麵 2 人份
蘆筍 適量
檸檬汁 1 大匙
檸檬皮屑 1/2 小匙
青醬 1 小匙
油漬番茄乾 1 片
起司粉 1 小匙
香菜末 1 小匙

🍲 調味配料

鹽巴 適量
黑胡椒粉 適量
檸檬油 1 大匙

♨ 烹調步驟

1 煮義大利麵，同時汆燙蘆筍

2 將煮熟的麵條趁熱拌入檸檬油和檸檬汁

3 加入燙熟的蘆筍、番茄丁、青醬、起司粉、檸檬皮屑，用鹽巴或黑胡椒粉調味

4 最後加入香菜末和蒜酥，拌勻即完成

溫馨 Note

• 蔬菜類可依個人喜好挑選
• 若沒有檸檬油，可用橄欖油代替

4

好開胃！
小酌私房下酒菜

美酒當前，再來盤別出心裁的佳餚，
無論獨酌或共飲都是一番享受！

蒜片骰子牛肉

材料
蒜頭 2 顆
牛排 300g（沙朗、菲力或肋眼皆可）

調味配料
風味鹽 適量
柚子胡椒 適量

烹調步驟

1 牛排切丁，與風味鹽抓醃 15 分鐘
2 鍋子熱油煎蒜片，煎到表面金黃，撈起備用
3 利用鍋中蒜油煎牛肉，至喜歡的熟度即可起鍋
4 可搭配柚子胡椒一同食用

溫馨 Note

• 牛排可選擇自己喜好的部位
• 風味鹽可用鹽巴 / 黑胡椒代替

椰汁咖哩雞柳

材料

雞柳 6 條

醃料

椰奶 60ml

醬油 2 大匙

魚露 1 大匙

咖哩粉 1 小匙

白胡椒粉 1/2 小匙

番茄醬 1 小匙

蒜頭 1 顆

烹調步驟

1　雞柳與醃料拌勻，冷藏醃 3 小時

2　將雞柳用竹籤串起，放入平底鍋煎熟即完成

温馨 Note

• 雞柳可用雞腿肉代替

• 雞柳條一定要確實浸泡在醃醬中吸飽水分，煎起來的雞柳才會軟嫩

RECIPE

鮮蔥蝦餅

材料

大尾鮮蝦 12 尾

荸薺 1 顆

紅甜椒末 1 大匙

青蔥 2 支

蒜頭 1 顆

調味配料

鹽巴 適量

黑胡椒 適量

烹調步驟

1　鮮蝦洗淨，去殼去腸泥後，用調理機打成泥狀

2　平底鍋中爆香蒜末，再加入紅甜椒末、荸薺末與蔥花，翻炒至軟化

3　將蝦泥與炒軟的蔬菜末拌勻，並加入適量的鹽巴與黑胡椒調味

4　取適當大小的蝦泥，塑型後下鍋煎熟即可

溫馨 Note

・倘若喜歡軟一點的口感，可酌量添加地瓜粉

・蔬菜末可依個人喜好變化，如洋蔥、玉米、紅蘿蔔……

高麗菜玉米煎餅

材料

高麗菜末 適量

玉米粒 適量

蔥花 適量

菜脯 適量

粉漿材料

日式炸蝦用酥炸粉 1 杯

水 1 杯

下
酒
菜

烹調步驟

1 將所有材料放入碗中，撒點鹽巴抓捏軟化

2 加入粉漿材料，拌勻成為麵糊

3 起油鍋，將蔬菜麵糊下鍋煎至兩面金黃即可

溫馨 Note

也可加入燙熟的海鮮做成海鮮煎餅

超級滷味拼盤

🥢 材料

耐煮與不耐煮的食材任選
（這裡使用的是豬血糕、白蘿
蔔、香菇、杏鮑菇、雞胗、蛋、
豆皮）

🍲 滷汁材料

醬油半杯
水 2-2.5 杯
冰糖 1 大匙
滷包 1 個
蔥薑蒜辣椒 適量

♨️ 烹調步驟

1　取一茶葉袋將蒜頭 / 薑片裝起來（以方便事後取出）

2　滷汁材料在鍋內煮滾後，放入需要久燉入味的食材，
　以小火慢燉 20 分鐘

3　放入好入味的食材，慢燉 10 分鐘後、關火，加蓋燜
　30 分鐘即可

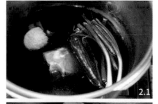

溫馨 Note

• 滷汁可當成老滷再利用，但滷過豆製品的滷汁容易發酸，
　要斟酌使用

• 各品牌醬油的濃度不同，滷汁比例可依個人口味調整

RECIPE

味噌起司烤茄

材料

茄子 1 根
起司 1 片
小魚乾 1 小匙

調味配料

味噌 1/2 小匙
米酒 1 小匙
味霖 1/2 小匙

烹調步驟

1　味噌 / 米酒 / 味霖，調勻成味噌醬

2　茄子切圓柱狀，表面劃刀幫助入味

3　茄子表面塗上味噌醬，用烤箱 350 ℉ 或 175℃ 烤 5 分鐘

4　鋪上起司片再烤 2-4 分鐘（或烤到起司融化），最後鋪上小魚乾即可

溫馨 Note

提鮮的小魚乾也可用炸香的櫻花蝦代替

RECIPE

香蒜豆瓣杏鮑菇

🍳 材料

杏鮑菇 300g

蒜頭 2 顆

辣椒 少許（或省略）

油蔥酥 1 小匙

蒜酥 1 小匙

黑芝麻 1 小匙

白芝麻 1 小匙

青蔥 1 支

🍲 調味配料

豆瓣醬 1 大匙

米酒 1 大匙

水 1 大匙

味霖 1 小匙

香油 少許

🍲 烹調步驟

1　杏鮑菇切滾刀，與蒜末 / 辣椒末爆香

2　將豆瓣醬加入鍋中炒香後，與杏鮑菇一起拌炒

3　加入米酒嗆鍋，再加水與味霖，煨煮入味

4　起鍋前加入油蔥酥 / 蒜酥 / 黑芝麻 / 白芝麻與蔥花，
　　淋上香油，翻炒均勻

溫馨
Note

• 各式菇類皆可運用

• 喜歡吃辣的人也可用辣豆瓣醬

胡麻脆皮豆腐

材料

老豆腐 1 塊
青蔥 1 支
蒜頭 1 顆
辣椒 適量

醬汁材料

日式胡麻醬 1 大匙
和風烏龍冷麵醬汁 1-2 大匙
（作法請參閱 P.72-73）

烹調步驟

1　豆腐切小丁，用平底鍋煎到表面金黃酥脆

2　利用鍋中的油脂爆香蔥白、蒜末和辣椒末

3　加入醬汁、拌勻，起鍋前加入蔥綠翻炒即完成

溫馨 Note

　豆腐務必要煎到脆皮，才容易吸附醬汁

香菜醬拌皮蛋

材料

皮蛋 3 顆
香菜末 1 大匙
蒜頭 1 顆
辣椒 適量

醬汁材料

蔭油膏 1 大匙
冷開水 1/2 大匙
香麻油 1 小匙
辣椒醬 適量

烹調步驟

1　醬汁材料與香菜末 / 蒜末 / 辣椒末調勻備用
2　皮蛋切適當大小，食用前淋上醬汁即可

溫馨 Note

此醬汁也可運用在皮蛋豆腐上

麻辣黃瓜腐竹

材料

腐竹 150g
小黃瓜 2 根
香菜末 1 大匙
蒜頭 1-2 顆

醬汁材料

麻辣醬或辣油 1 大匙
醬油 2 大匙
冷開水 適量

烹調步驟

1 腐竹用熱水燙熟後瀝乾水分

2 小黃瓜去籽後，切絲備用

3 將腐竹剪成段，與黃瓜絲 / 香菜末 / 蒜末 / 醬汁拌勻
  即完成

溫馨
Note

醬汁的鹹度和辣味可依個人喜好調整

醋溜土豆絲

材料

馬鈴薯 2 顆
蒜頭 2-3 顆
辣椒 1 根
香菜末 1 大匙

調味配料

醬油 1 大匙
白醋 1-2 小匙

烹調步驟

1　馬鈴薯刨成細絲（土豆絲），浸泡在清水中將表面的澱粉質洗淨

2　沖洗數次，直到水呈清澈狀態

3　將蒜末與辣椒末爆香後，放入瀝乾的土豆絲爆炒

4　土豆絲炒軟後，加入醬油翻炒

5　起鍋前淋上白醋嗆鍋

溫馨 Note

• 要將土豆絲表面的澱粉完全洗淨，嘗起來才會有爽脆口感

• 白醋起鍋前才加，酸度才夠勁

RECIPE

清爽涼拌蓮藕

材料

蓮藕 1 節
辣椒 1 支
蒜頭 1 顆

調味配料

蘋果醋 1 大匙
飲用水 1 大匙
麥芽糖 1 大匙

烹調步驟

1 調味配料的部分先拌勻、備用

2 蓮藕去皮、切薄片，汆燙 2-3 分鐘，撈起、瀝乾

3 將瀝乾的蓮藕片、辣椒絲、蒜末和醋汁一起拌勻

4 冷藏三小時或放到隔夜，醃入味即可

溫馨 Note

醋汁的比例可依照個人喜好調整

5

好歡樂！
親友聚會來同享

家人、好友的愉悅用餐時光，
每分每秒都成為珍貴的回憶！

RECIPE

起司吐司披薩

材料

吐司 2 片（切邊、切半）
番茄義大利麵醬 2 大匙
乳酪絲 1 杯
生菜葉 適量

調味配料

香鬆粉（可省略）

烹調步驟

1　吐司入烤箱烤 2 分鐘至表面微乾

2　塗抹適量番茄義大利麵醬、撒上乳酪絲

3　放回烤箱烤 2 分鐘至乳酪絲融化，食用時搭配生菜葉

溫馨 Note

• 吐司也可用餐包、法國麵包或貝果代替

• 製作時可依個人喜好調整食材份量，或搭配其他喜歡的內餡

RECIPE

肉鬆起司拖鞋麵包

材料

拖鞋麵包 1 個
乳酪絲 3 大匙
肉鬆 2 大匙
香菜末 1 小匙

烹調步驟

1 拖鞋麵包上面劃刀

2 將乳酪絲和肉鬆塞滿縫隙

3 放入烤箱烤至乳酪絲融化

4 出爐後撒上香菜末即可

溫馨 Note

• 拖鞋麵包可用厚片吐司，或其他款式的軟法、歐包代替

• 出爐後可在麵包表面刷上蒜味橄欖油或用融化的奶油添香

香酥花枝圈

材料

花枝圈 12-15 個

酥炸粉 2 大匙

水 3 大匙

檸檬皮屑 少許

檸檬汁 1 小匙

調味配料

鹽巴 適量

黑胡椒粉 適量

烹調步驟

1　以酥炸粉：水＝ 2：3 比例調成粉漿。將粉漿、鹽巴、
黑胡椒粉、檸檬皮屑及少許檸檬汁調勻

2　花枝圈洗淨後拭乾，均勻沾裹粉漿

3　鍋中倒少許油，半煎炸至表面金黃酥脆

4　起鍋後，用廚房紙巾吸掉多餘油脂即可盛盤

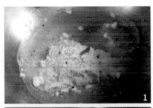

溫馨 Note

製作粉漿，水要慢慢加入調和，調至漿狀便停止，避免粉
漿太稀，巴不住材料

RECIPE

酪梨莎莎醬

材料

酪梨 2-3 顆

檸檬 1 顆

小番茄 12 顆

香菜 1 把

調味配料

鹽巴 適量

黑胡椒粉 適量

烹調步驟

1　小番茄切丁，香菜切末備用

2　酪梨切丁後放入調理盆，加入適量檸檬汁、拌勻

3　加入番茄丁與香菜末，再以鹽巴／黑胡椒粉調味即完成

溫馨 Note

酸度、鹹度可依個人口味調整

墨西哥吮指脆餅

材料

墨西哥捲餅皮 數張

鹽巴 適量

檸檬黑胡椒粉 適量

烹調步驟

1 捲餅皮切成適當大小

2 起油鍋，將餅皮分批炸至兩面呈金黃色

3 餅皮起鍋，趁熱撒上鹽巴／胡椒粉調味

溫馨 Note

• 搭配酪梨莎莎醬就是絕配

• 調味鹽可依個人喜好添加

脆口南洋咖哩餃

材料

餛飩皮 12 張

豬絞肉 100g

蘑菇 2 顆

青蔥 1 支

太白粉 1 小匙

調味配料

醬油 1/2 大匙

咖哩粉 適量

烹調步驟

1　爆香蔥白後，加入絞肉與蘑菇丁炒熟

2　醬油 / 咖哩粉下鍋調味

3　起鍋前加入蔥綠和太白粉，拌勻

4　將炒好的肉餡盛盤、冷卻備用

5　取適量的肉餡包入餛飩皮，收口捏緊

6　入鍋炸到表面金黃，起鍋後用廚房紙巾吸除多餘油脂

溫馨 Note

太白粉可吸附肉餡中多餘水分，嘗起來更加乾爽酥脆

RECIPE

甜辣醬燒排骨

🥄 材料

排骨 200g

薑片 2 片

蒜頭 2 顆

⚗️ 萬用滷汁

醬油 1/2 杯

水 2 杯

糖 1/2 小匙

白胡椒粉 適量

五香粉 適量

🍲 調味配料

泰式甜辣醬 2 大匙

魚露 1 小匙

🍲 烹調步驟

1 排骨汆燙去除血水後,與萬用滷汁 / 薑片 / 蒜頭以小火慢燉 45 分鐘

2 滷好後,排骨取出放入另一炒鍋

3 加入 2 大匙甜辣醬和 1 小匙魚露,燒入味即完成

溫馨 Note

萬用滷汁中,水的比例須依照醬油的鹹淡度做調整

RECIPE

番茄五花肉串

材料

五花肉片 8 片
小番茄 8 顆
蔥 3 支（切段）

調味配料

醬油 1 大匙
米酒 1 大匙
香油 1/2 小匙

烹調步驟

1　將蔥段與番茄用五花肉片捲起

2　用竹串串起，放入平底鍋煎到兩面上色

3　淋上調味配料，燒至醬汁收乾即可

溫馨
Note

五花肉可用其他肉片代替

RECIPE

燒海苔厚蛋捲

材料

雞蛋 3 顆
壽司用海苔 3 張

調味配料

醬油 1 小匙
味霖 1 小匙
鹽巴 適量
鮮味粉 適量

烹調步驟

1　雞蛋與調味配料拌勻

2　玉子燒鍋預熱、倒少許油，放入 1/3 的蛋液

3　趁蛋液未完全熟透定型，放上海苔、捲起

4　重複步驟 2、3，直到蛋液與海苔用完

5　將蛋捲表面煎上色即可切片

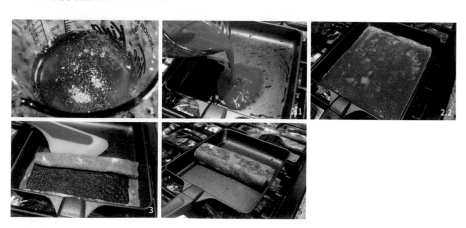

溫馨 Note

全程以中小火慢慢煎

RECIPE

蔥爆牛焗甜椒

🥫 材料

甜椒 兩顆

牛肉片 300g

蘑菇 2-3 朵

蔥 2 支

蒜頭 1 顆

乳酪絲 3 大匙

🍲 調味配料

醬油 1 大匙

米酒 1 大匙

香麻油 1 小匙

鹽巴 適量

黑胡椒粉 適量

🍲 烹調步驟

1 甜椒上蓋剖開、內部籽清除乾淨，用烤箱 350 °F 或 175℃ 烤 10 分鐘

2 鍋中用少許油爆香蒜末後，加入肉片 / 蘑菇 / 蔥花炒熟

3 加入調味配料，拌炒均勻

4 將適量的牛肉餡料填入甜椒中，再鋪上乳酪絲

5 乳酪絲用烤箱烤至融化（約 3-4 分鐘）即完成

溫馨 Note

• 甜椒可用番茄代替

• 牛肉片也可替換成豬肉片、羊肉片或雞肉片

紫花椰佐香菜芥末醬

材料

紫花椰菜 1 顆

調味配料

檸檬橄欖油 2 小匙
鹽巴 適量
黑胡椒粉 適量

沾醬

美乃滋 1 大匙
黃芥末 1 小匙
香菜末 1 小匙

烹調步驟

1 紫花椰菜洗淨、切適當大小,加入調味配料拌勻

2 沾醬材料拌勻

3 紫花椰菜放入氣炸鍋或烤箱,烘烤 10 分鐘即完成

溫馨 Note

紫花椰菜也可用白色花菜代替。若選擇綠花椰菜,烘烤時間須縮短

RECIPE

焦糖綜合堅果

🥜 材料

堅果類 340g

麥芽糖 20g

水 15g

奶油 15g

砂糖 50g

鹽巴 2g

肉桂粉 少許（可省略）

♨️ 烹調步驟

1　平底鍋內放入麥芽糖／水／奶油，煮滾成糖液

2　堅果類放入糖液中翻炒

3　待糖液均勻附著於堅果上，加入鹽巴和肉桂粉

4　放入砂糖拌炒，直到糖液炒乾、糖粒巴在堅果上

5　炒好的堅果攤平放在烤盤上，待冷卻即可

溫馨 Note

• 堅果類可依個人喜好選擇

• 麥芽糖可用蜂蜜取代

6

好繽紛！
童趣派對野餐樂

看著孩子們一口接著一口，
就是最大的滿足與成就感！

豬肉迷你小漢堡

材料

餐包 4 個

漢堡肉餡（請參閱 P.182-183 高
麗菜豬肉蝦元寶）

鵪鶉蛋 4 顆

生菜 1 碗

乳酪片 2 片

調味配料

花生醬 適量

鹽巴 適量

番茄醬 適量

烹調步驟

1　餐包剖半，抹上花生醬、鋪生菜

2　將鵪鶉蛋煎熟，加點鹽巴調味

3　肉餡捏成適當大小、下鍋煎熟，鋪上乳酪絲，用肉餅
　　溫度使之融化

4　最後將所有材料組合，淋上番茄醬即完成

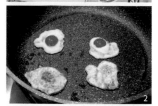

溫馨 Note

　　夾餡材料可依個人喜好做選擇，比如番茄、小黃瓜、蘋果片……

馬鈴薯蛋沙拉

材料

馬鈴薯 1 顆

小黃瓜 1-2 條

水煮蛋 2 顆

紅蘿蔔 1 根

蘋果 1 顆

美乃滋 適量

調味配料

鹽巴 適量

糖 適量

烹調步驟

1　小黃瓜切片，加點鹽巴去除水分

2　馬鈴薯與紅蘿蔔切丁，用電鍋蒸熟

3　蒸熟的馬鈴薯趁熱壓成泥狀，放涼備用

4　薯泥放涼後，加入小黃瓜／紅蘿蔔丁／水煮蛋丁／蘋果丁／適量美乃滋，拌勻

5　可搭配吐司一起食用

童趣小點

溫馨 Note

視個人口味，酌量添加糖來調整甜度

雞蛋香鬆吐司捲

🥄 材料

吐司 2 片
雞蛋 1 顆
小黃瓜 1 條
肉鬆 2 大匙

🍲 調味配料

美乃滋 適量

🕐 事前準備

雞蛋煎成蛋皮
小黃瓜去籽、切細絲

🍲 烹調步驟

1　吐司切邊，用擀麵棍稍微擀扁

2　抹上美乃滋，鋪上餡料

3　捲起後即可切片

溫馨
Note

內餡材料可隨意變化

多穀海苔飯糰

材料

多穀飯 1 碗

醃黃瓜 適量

海苔酥 1 杯

烹調步驟

1 取 1 個袋子，添 1 大匙多穀飯，中心夾 1 片小黃瓜

2 捏成球型的飯糰

3 沾黏適量的海苔酥即完成

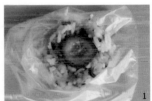

童
趣
小
點

溫馨 Note

• 包飯糰的飯建議用煮好放涼的飯，口感較 Q、操作也較容易

• 夾餡可自由選擇，比如肉鬆、玉米、鮪魚……

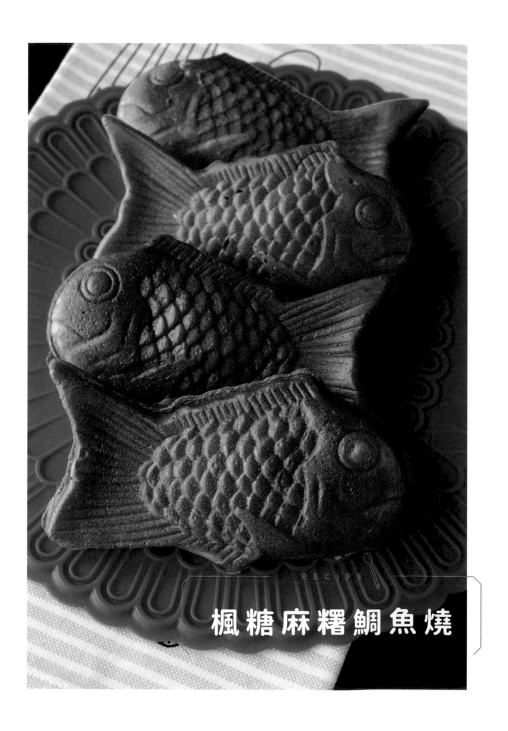

楓糖麻糬鯛魚燒

材料

北海道楓糖鬆餅粉 1 包（200g）

雞蛋 2 顆

鮮奶 150ml

葡萄籽油 1 大匙

市售麻糬 數顆

烹調器具

鯛魚燒機或紅豆餅機

烹調步驟

1　鬆餅粉／雞蛋／鮮奶／油拌勻成麵糊，靜置 5 分鐘

2　將麵糊用擠花袋裝，以方便操作

3　鬆餅機預熱，倒入適當麵糊後，放入麻糬，再將少許
　　麵糊覆蓋在麻糬上

4　烤熟後，將鯛魚燒放在網架上散熱一下

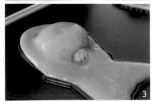

童趣小點

溫馨 Note

• 鬆餅粉的口味可依個人喜好選擇

• 若麻糬的尺寸較大，可先切成適當大小

RECIPE

卡士達奶油醬

材料

鮮奶 225ml

蛋黃 2 顆

糖 65g

中筋麵粉 25g

香草醬 1/2 小匙

烹調步驟

1 取小鍋，將蛋黃 / 糖 / 麵粉 / 香草醬拌勻

2 倒入鮮奶、拌勻

3 以小火慢慢煮

4 邊煮邊攪拌，直到煮滾後呈濃稠狀

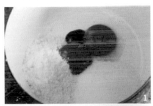
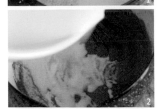

童趣小點

溫馨 Note

• 香草醬能去除蛋腥味，可用香草精代替

• 如有剩餘，要放入保鮮盒內冷藏

RECIPE

卡士達銅鑼捲

152

材料

低筋麵粉 135g

糖 25g

無鋁泡打粉 3g

雞蛋 1 顆

油 20ml

醬油 1ml

味霖 1ml

鮮奶 170ml

內餡

請參閱 P.150-151 卡士達奶油醬

烹調步驟

1 將全部材料倒進調理盆，拌勻後靜置 5 分鐘

2 在平底鍋中倒入適量麵糊，全程以小火加熱

3 待麵糊表面浮現泡泡，即翻面、繼續煎煮

4 餅皮起鍋，待冷卻後再夾餡料

童趣小點

溫馨 Note

每個品牌的麵粉吸水性不一，鮮奶先加 90%，預留 10% 以隨機調整濃稠度

紅豆地瓜鬆餅球

材料

烤熟地瓜 2 顆
地瓜粉 比例約 70% 的地瓜重量
紅豆泥 適量

烹調步驟

1　將地瓜與地瓜粉拌勻

2　地瓜粉慢慢加入，揉到麵糰不沾手

3　取適量麵糰、包入紅豆泥，搓圓

4　用鬆餅機烤 2-3 分鐘至熟透即可

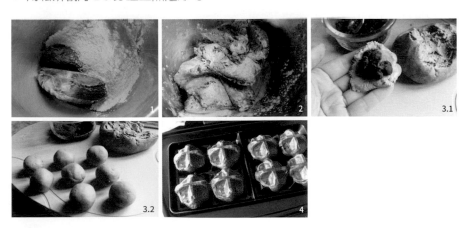

溫馨 Note

• 每顆地瓜的含水量不同，加入的粉量自行斟酌

• 倘若沒有鬆餅機，也可捏成圓餅狀後以平底鍋煎

朵朵花兒雞蛋糕

材料

北海道鬆餅粉 1 包（200g）

雞蛋 2 顆

鮮奶 150g

葡萄籽油 10ml

巧克力豆 1 大匙

事前準備

雞蛋與鮮奶放室溫退冰 1 小時

烹調步驟

1 將鬆餅粉／雞蛋／鮮奶／油拌勻，靜置 5 分鐘備用

2 烤模上噴一些防沾油，倒入適當麵糊，每塊蛋糕加 1 顆巧克力豆

3 烤箱預熱，以 350 ℉ 或 175℃ 烤 12-15 分鐘即可

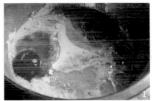

童趣小點

溫馨 Note

• 鬆餅粉的品牌可依個人喜好挑選，只要按照包裝上的說明調製出鬆餅麵糊即可

• 烤模大小會影響烘焙時間，請自行斟酌

蘋果氣泡果凍

材料

蘋果汁 400g

芒果汁 50g

吉利丁片 4.5g

烹調步驟

1　吉利丁片浸泡在冷水中，待軟化

2　將蘋果汁和芒果汁微波加熱 30 秒

3　將軟化的吉利丁片放入果汁中拌勻

4　快速攪拌打出泡沫

5　裝模後，冷藏 2 小時（或至果凍定型）即完成

溫馨 Note

果汁口味可任選。只要拿捏好果汁和吉利丁片的比例為 10：1 即可

造型花茶軟糖

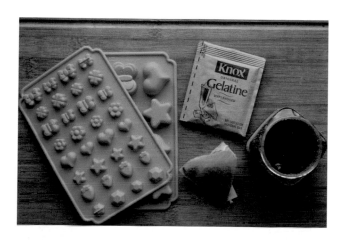

材料

花茶包 1 份
水 1 杯（烘焙用量杯）
蜂蜜 適量
吉力丁粉 28-30g

烹調器具

矽膠模型

烹調步驟

1 以溫開水將花茶泡開，待稍降溫後加入適量的蜂蜜

2 放入吉力丁粉，拌勻

3 迅速將軟糖液倒入模型中，冷藏至定型、取出即完成

溫馨 Note

花茶包口味可任選，亦可用鮮榨果汁代替

黑糖 QQ 鮮奶茶

材料

地瓜粉 120g

黑糖 30g

水 100ml

鮮奶 適量

烹調步驟

1　將黑糖與水放入鍋中煮滾

2　滾燙的黑糖水與地瓜粉拌勻，搓揉成不沾手的粉糰

3　整形。搓成圓形或切段皆可

4　煮滾後，可另外再放入黑糖拌勻，防沾黏

5　取 1 個杯子，放入適量的黑糖 QQ，再加點鮮奶即完成

溫馨 Note

• 黑糖水一定要煮滾後，才和地瓜粉一同拌勻

• 整形時，可加些地瓜粉防沾黏

番茄可爾必思

小番茄 15 顆
可爾必思 1 杯
梅子粉 少許

烹調步驟

1 小番茄洗淨切半,和可爾必思、梅子粉一同放入果
  汁機

2 打勻即完成

溫馨
Note

• 梅子粉為提味用,份量可自行斟酌

• 也可放入冰塊,打成冰沙

童趣小點

提案

7

好飽足！
大啖美食喜過年

每年的這個時候一定要吃飽喝足，
全家人團聚在一起就是最棒的禮物！

開陽芋頭鹹粿

材料

芋頭絲 1 碗
豬絞肉 30g
香菇 2 朵
開陽 3 隻

調味配料

醬油 1 大匙
鹽巴 適量
白胡椒粉 適量

粉漿材料

在來米粉 230g
水 660ml

烹調步驟

1　粉漿材料調好備用

2　香菇和開陽切丁、下鍋爆香，與豬絞肉、芋頭絲一同拌炒。加入醬油、鹽巴及白胡椒粉調味

3　粉漿材料下鍋，與 **2** 一同翻炒，攪拌成糰

4　待粉漿呈黏稠狀，即可盛入器皿中

5　蒸熟、放涼，食用前切片、下鍋煎到表面上色即可

溫馨 Note

蒸煮時間須依照器皿的深淺度做調整，務必蒸到熟透

RECIPE

可樂燒豬腳

🥢 材料

豬腳 400g

蒜頭 4 顆

薑片 2 片

青蔥 1 支

辣椒 1 支

🍲 調味配料

可樂 2 杯

醬油 0.6 杯

黑糖 1 小匙

🍲 烹調步驟

1　鍋中倒少許油，爆香蒜頭／薑片／青蔥／辣椒

2　放入汆燙過的豬腳翻炒

3　加調味配料

4　小火慢燉 80 分鐘（或至豬腳軟嫩）即完成

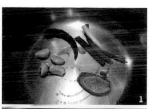

溫馨 Note

醬油可依個人口味調整使用的份量

年菜

紹興酒蒸蝦

材料

鮮蝦 8-10 尾
枸杞 1 小匙
薑片 3-4 片
當歸 1 片

調味配料

紹興酒 2 大匙
黑胡椒粉 適量

烹調步驟

1　將枸杞／薑片／當歸放入紹興酒中，浸泡 15 分鐘

2　鮮蝦洗淨，用牙籤挑出腸泥

3　取烘焙紙，鋪上鮮蝦，倒入紹興酒、包緊

4　入鍋蒸熟（約 8-10 分鐘），起鍋後撒上黑胡椒粉
　　即可

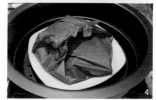

溫馨 Note

　　紹興酒可用米酒或花雕酒代替

年菜

RECIPE

櫻花蝦油飯

🥢 材料

糯米 3 杯

水 2.4 杯

麻油 2 大匙

肉絲 適量

香菇絲 適量

櫻花蝦 1 大匙

油蔥酥 1 大匙

菜脯 1 大匙

🍲 調味配料

水 0.6 杯

醬油 3 大匙

🍲 烹調步驟

1　糯米洗淨、和水一起用電子鍋煮熟後，燜 20 分鐘

2　肉絲抓點太白粉，並以醬油醃入味

3　炒鍋中，用麻油爆香櫻花蝦、香菇與肉絲

4　加入菜脯和油蔥酥

5　放入調味配料、煮滾，和煮熟的糯米飯拌勻即可

温馨
Note

倘若用電鍋煮糯米飯，必須先浸泡，再確實煮到熟透

RECIPE

上海菜肉絲炒飯

材料

白飯 2 碗
上海菜 1 株
肉絲 適量
香菇 適量
蒜頭 1 顆
青蔥 1 支

調味配料

醬油 1 大匙
香麻油 少許
鹽巴 適量
白胡椒粉 適量

烹調步驟

1　肉絲用醬油／香麻油抓醃

2　鍋中爆香蒜末，加入香菇絲和肉絲翻炒

3　上海菜梗切絲或切丁、入鍋

4　放入白飯和菜葉

5　起鍋前放入蔥花，再以適當的鹽巴／白胡椒粉調味即可

溫馨
Note

上海菜可用油菜取代

RECIPE

金瓜炒米粉

材料

米粉 200g

蔬菜絲 適量

肉絲 30g

南瓜 45g

油蔥酥 1 大匙

調味配料

高湯 1 杯

醬油 1 大匙

白胡椒粉 少許

香油 1/2 小匙

烹調步驟

1　南瓜切片、蒸熟備用

2　米粉汆燙 30 秒，撈起後加蓋、燜 5 分鐘

3　取一炒鍋，將蔬菜類炒軟，再加入肉絲一起炒熟

4　高湯、醬油、油蔥酥倒入鍋中、煮滾，將燜好的米粉回鍋翻炒

5　起鍋前加入南瓜片和香油拌勻即可

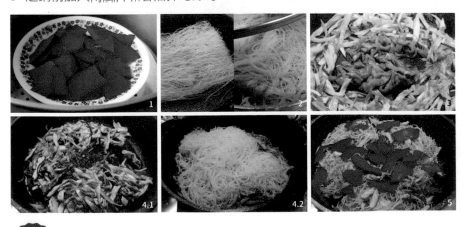

溫馨 Note

・蔬菜絲可依個人喜好自行選擇，這裡選用高麗菜、香菇、紅蘿蔔及洋蔥

・若用的是無鹽高湯，建議酌量以鹽巴調味

年菜

泡菜拉麵炒年糕

🍳 材料

泡菜口味泡麵 1 包（含調味包）

年糕 12 條

配菜（高麗菜、菇）適量

泡菜 1-2 大匙

雞蛋 1 顆

蔥 2 支

水 2 杯

♨ 烹調步驟

1　將水／年糕／配菜類／調味包一起煮滾

2　同時準備一湯鍋將泡麵煮至半熟

3　將半熟的泡麵和泡菜放入 1 中，一起煨煮

4　待湯汁稍微收乾，再打入蛋花、撒上蔥花即完成

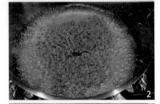

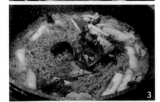

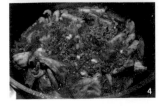

溫馨 Note

• 嗜辣者可酌量加點韓國辣醬

• 泡麵的口味可依個人喜好選擇

年菜

高麗菜豬肉蝦元寶

材料

豬絞肉 225g
鮮蝦 5-8 隻
蔥 2 支

高麗菜 適量
蒜頭 1 顆
薑 1 片
餃子皮 數張

調味配料

醬油 1 大匙
香油 1 小匙
白胡椒粉 適量

🍲 烹調步驟

1 高麗菜切丁，加入少許鹽巴、用手抓拌去除水分

2 將高麗菜 / 豬絞肉 / 蝦丁 / 蔥花 / 蒜泥 / 薑泥與調味配料拌勻成內餡

3 攪拌好的內餡靜置 10 分鐘，待味道融合

4 取餃子皮放入適當的餡料，捏緊收口

5 把包好的餃子下鍋煮熟即可

溫馨
Note

高麗菜的量可依個人
喜愛的菜肉比例調整

R E C I P E

自製餃子皮

年菜

🖊 材料
中筋麵粉 1 杯
水 0.4 杯
鹽巴 1 小搓

🍲 製作步驟

1 粉類與鹽巴拌勻，加水攪拌（先加 80%，再斟酌添加）

2 成糰後，再繼續揉成不黏手的麵糰

3 用調理盆反蓋住麵糰，靜置 5 分鐘鬆弛

4 把麵糰擀平，用杯蓋壓出數個圓形即完成

溫馨
Note

• 1 杯中筋麵粉約可做
  15-20 顆餃子

• 擀麵皮時，建議灑些
  粉防沾黏

花開富貴捲

🥄 材料

生豆包 3 個
蔬菜絲（紅蘿蔔、筍絲、香菇）適量
香菜 1 把
薑片 2-3 片

🍲 調味配料

醬油 1 大匙
素蠔油 1 小匙
米酒 1 大匙
香油 少許

♨ 烹調步驟

1　將紅蘿蔔絲和筍絲汆燙，香菇絲加點醬油爆香

2　把豆包攤開，放入適量的蔬菜絲與香菜

3　收口處用牙籤固定

4　炒鍋中倒入少許油爆香薑片後，將豆包捲表面煎上色

5　加調味配料燒至入味即完成

溫馨 Note

蔬菜絲可依個人喜好選擇

劍筍酸菜排骨湯

材料

排骨 300g
劍筍 適量
酸菜 1-2 大匙
薑片 2 片
蒜苗 少許
高湯 適量

調味配料

鹽巴 適量
白胡椒粉 適量

事前準備

排骨汆燙
劍筍泡水去除酸氣

烹調步驟

1　將排骨、薑片、蒜苗和高湯一起熬煮 30 分鐘

2　放入切段的劍筍與酸菜再續熬 20 分鐘

3　起鍋前用適量的鹽巴與白胡椒粉調味即可

溫馨 Note

• 排骨的熬煮時間可依個人喜愛的軟嫩度來調整

• 可用雞高湯、豬骨湯或蔬菜湯作為高湯

年菜

濃厚黑糖發糕

材料

低筋麵粉 115g

黑糖 80g

水 135ml

無鋁泡打粉 3g

烹調步驟

1 黑糖和水一起煮至融化

2 將黑糖水、低筋麵粉和泡打粉拌勻成麵糊

3 麵糊分裝到蒸杯中

4 用電鍋（或爐火）蒸 20 分鐘即完成

溫馨 Note

　黑糖一定要加水煮成黑糖液，顏色才會漂亮

年菜

特製黃金泡菜

🥢 材料

高麗菜 半顆

小黃瓜 1 支

辣椒 1 根（可省略）

鹽巴 1/2 小匙

🥣 醃料

紅蘿蔔片 3 大匙

蒜頭 2 顆

蘋果醋 3 大匙

糖 3 大匙

麻油 1 大匙

花生醬 1 大匙

豆腐乳 1 塊

辣椒粉 1/2 小匙

🍲 烹調步驟

1　高麗菜剝大片、洗淨，與黃瓜片一同拌入鹽巴、抓捏軟化，靜置 10 分鐘

2　用調理機將醃料打成醬汁

3　將醃料、高麗菜和辣椒片拌勻，放入袋中冷藏醃製 3-5 小時即可

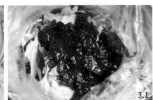

溫馨 Note

為確保風味，建議 2 天內食用完畢，避免高麗菜出水稀釋了味道

紅豆椰奶烤年糕

🍫 粉漿材料

糯米粉 230g

無鋁泡打粉 3g

糖 45g

椰奶 225ml

葡萄籽油 45ml

全蛋液 75g

∴ 口味

蜜紅豆適量

🍲 烹調步驟

1 將粉漿材料拌勻,再拌入蜜紅豆

2 取適當大小的烤模,倒入粉漿

3 烤箱預熱 350 ℉ 或 175℃,烤 40-50 分鐘即完成

溫馨 Note

• 烘焙時間須依烤模大小與深度做調整

• 椰奶可用鮮奶代替

年菜

8

好享瘦！
健康少油輕食尚

清新舒爽的食材組合，
讓身心回歸輕盈感受！

鯛魚墨西哥 Taco

🥢 材料

鯛魚 1 片

墨西哥捲餅 2 片

高麗菜絲 1 碗

蘋果 1 顆

蒜頭 1 顆

🍚 調味配料

胡麻醬 2 大匙

檸檬汁 2 小匙

鹽巴 適量

黑胡椒 適量

辣椒粉 適量

🍲 烹調步驟

1 蘋果切細條狀，與高麗菜絲 / 蒜末 / 胡麻醬 / 檸檬汁
  拌勻

2 拭乾鯛魚表面多餘水分，用鹽巴 / 黑胡椒 / 辣椒粉調
  味，下鍋煎熟

3 煎魚的同時，用爐火烤餅皮

4 待魚片煎熟，將 Taco 組裝即可

溫馨 Note

• 鯛魚可用鮭魚、鱈魚或雞柳代替

• 胡麻醬可用各式沙拉醬代替

輕食

番茄黑椒牛烤地瓜

🥩 材料

牛絞肉 30g

蘑菇 1 顆

小番茄 5 顆

蒜頭 1 個

青蔥 1 支

蒸熟地瓜 1 顆

🍲 調味配料

黑胡椒醬 1 大匙

水 適量

🍲 烹調步驟

1 牛絞肉下鍋炒熟（不用加油），利用絞肉本身的油脂爆香蒜末與蔥花

2 加入番茄、蘑菇、黑胡椒醬與水調味

3 將蒸熟的地瓜剖半，鋪上炒好的黑椒牛即完成

溫馨 Note

• 地瓜種類可依自己喜好挑選，這裡使用的是紫地瓜

• 牛絞肉也可用其他絞肉代替

輕食

檸檬雞炒櫛瓜麵

🍥 **材料**

雞胸肉片 5-6 片

櫛瓜 1 條

蘑菇 2 朵

紅甜椒 少許

檸檬皮屑 / 檸檬汁 1 小匙

蒜頭 1 顆

🍚 **調味配料**

水 1 小匙

地瓜粉 1/2 小匙

鹽巴 適量

黑胡椒粉 適量

🍲 **烹調步驟**

1 雞肉加水 / 地瓜粉 / 鹽巴 / 黑胡椒粉 / 檸檬皮屑，
  抓醃後備用

2 櫛瓜削成麵條狀或切細絲

3 平底鍋中爆香蒜末，加入磨菇 / 甜椒翻炒後，放入
  醃入味的雞肉炒熟

4 加入櫛瓜麵拌勻，淋上檸檬汁添香氣，起鍋前用鹽
  巴 / 黑胡椒粉調味即可

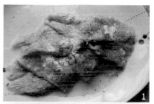

溫馨 Note

• 櫛瓜麵可用義大利麵條代替

• 搭配的蔬菜類可自由選擇

輕食

RECIPE

薄荷雞肉涼麵

材料

麵線 1 份
生菜類 適量
雞柳 2 條

醬汁材料

魚露 1 大匙
檸檬汁 1 大匙
蜂蜜 1 大匙
飲用水 1 大匙
蒜末 1 小匙
蔥末 1 小匙
香菜末 1 小匙
辣椒末 少許（可省略）

烹調步驟

1 醬汁材料拌勻

2 麵線煮熟、瀝乾水份，生菜類切絲、雞肉燙熟剝絲

3 將全部材料組合盛盤即完成

溫馨 Note

• 醬汁的比例可依個人喜好調整
• 生菜類可自由替換，這裡使用的是黃瓜絲與甜椒絲

輕食

RECIPE

橘香蜜汁烤雞

材料

棒棒腿 / 翅 6-8 支

調味配料

醬油 1 大匙
米酒 1 大匙
水 1 大匙
麥芽糖 1/2 小匙
橘子果醬 1 小匙
蒜頭 1 顆（切末）

烹調步驟

1 醃料調勻後，放入雞肉一起醃至少 3 小時

2 將醃好的雞肉放入烤箱或氣炸鍋，以 400 °F 或 200℃
   烤 20 分鐘

溫馨 Note

• 雞肉醃至隔夜，入味程度最佳

• 烘烤時間要依雞肉大小調整

玉米鮪魚焗烤瓜

🥄 材料

櫛瓜或黃瓜 1 條
鮪魚罐頭 1 罐
玉米粒 2 大匙
乳酪絲 1 大匙

🍲 調味配料

美乃滋 1 大匙
鹽巴 適量
黑胡椒 適量
香料粉 少許（可省略）

♨ 烹調步驟

1　瓜切半、籽去除

2　將鮪魚、玉米拌入美乃滋，並用鹽巴 / 黑胡椒 / 香料粉調味成餡料

3　把拌好的餡料鋪在瓜上，撒上乳酪絲

4　用烤箱烤至乳酪絲融化（約 7-8 分鐘）

温馨 Note

可在餡料中加入少許的洋蔥丁增添風味

輕食

韓式雜菜拌冬粉

🥄 材料

紅薯粉絲 225g

肉片 50g

蔬菜類 適量（可任選）

🍲 調味配料

醬油 1/4 杯 + 1 小匙

麻油 2-3 大匙

鹽巴 適量

黑胡椒粉 適量

🕐 事前準備

蔬菜切絲

肉片加 1 小匙醬油醃製

🍲 烹調步驟

1　紅薯粉絲煮熟後，沖一下飲用水以去除表面黏液

2　平底鍋中拌炒蔬菜和肉片

3　關火，加入紅薯粉絲和調味配料，拌勻即完成

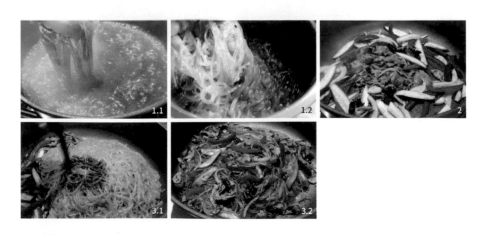

温馨
Note

• 蔬菜類可任選，這裡使用的是甜椒、櫛瓜、洋蔥和黑木耳

• 調味配料可依個人喜好調整，也可加入辣油增添風味

輕
食

RECIPE

紅豆五穀粥

材料

紅豆 1 杯

五穀米 1 杯

水 5 杯

冰糖 適量

烹調步驟

1　洗淨紅豆和五穀米，浸泡到隔夜

2　將紅豆和五穀米放入電鍋或電壓力鍋，加 5 杯水熬煮

3　煮到紅豆軟綿，熟透後加入冰糖調味即完成

溫馨
Note

　　熬煮的時間可依照個人喜歡的口感調整（這裡示範的成品是以壓力鍋烹煮 20 分鐘所完成的）

RECIPE

Guilt-Free 泡菜炒飯

材料

白花椰菜 1 碗

牛絞肉 20g

洋蔥末 1 大匙

蒜頭 1 顆

蘑菇 2 朵

韓式泡菜 2 大匙

青蔥 1 支

調味配料

鹽巴 適量

黑胡椒 適量

烹調步驟

1　白花椰菜用調理機打成顆粒細末

2　鍋中炒香牛絞肉，再利用油脂爆香蒜末和洋蔥末，並加入蘑菇翻炒

3　加入白花椰菜末、炒軟

4　起鍋前加入泡菜、蔥花、適量鹽巴和黑胡椒調味即完成

溫馨 Note

• 以白花椰菜末代替米飯，嘗起來既有口感也有飽足感

• 泡菜起鍋前才放入，可保持香氣和酸辣味道

輕食

蔬菜棒佐蜂蜜芥末醬

🥄 材料
各式蔬菜

🍶 沾醬
美乃滋 3 大匙
蜂蜜 2 小匙
黃芥末 1 小匙
芥末籽 1 小匙
檸檬汁 適量
鹽巴 適量
黑胡椒 適量

🍲 烹調步驟

1　蔬菜可依自己喜好選擇，這裡使用的是小黃瓜和紅甜椒。先切好備用

2　沾醬依比例調勻即完成

2.1

2.2

溫馨 Note

蜂蜜芥末醬也可拿來沾薯條、沙拉，或作為三明治的抹醬

輕食

薏仁蓮子排骨湯

材料

排骨 500g
蓮子 1 杯
薏仁 1/2 杯
當歸 1 片
薑片 2 片
枸杞 1 小匙

調味配料

米酒 1/4 杯
鹽巴 適量

烹調步驟

1　排骨汆燙後，與蓮子 / 薏仁 / 薑片 / 當歸 / 適量的水
　　一同熬煮 60-80 分鐘

2　熬湯的同時，將洗淨的枸杞浸泡在米酒中

3　待湯熬好，加入枸杞酒與鹽巴調味即完成

溫馨
Note
排骨可用雞腿代替

冰糖美顏銀耳湯

材料

銀耳 1 碗
黃冰糖 1 杯
桂圓 1 大匙
枸杞 1 大匙
紅棗 2-3 顆
水 適量

事前準備

· 將銀耳泡在水中，浸泡隔夜
　後，剪成適當大小
· 枸杞／紅棗洗淨，紅棗剖開
　或保持原貌

烹調步驟

1　泡發的銀耳放入電子鍋中，加水至 3 杯米量處，按
　　烹調（約煮 30 分鐘）

2　30 分鐘後，加入桂圓／枸杞／紅棗／冰糖與水，水
　　加到 5 杯米量處

3　進行第二次烹煮，煮到湯呈黏稠狀，最後調整甜度
　　即可

溫馨
Note

若沒有電子鍋也可用電鍋，或用爐火慢熬

南瓜洋蔥濃湯

材料

南瓜（去皮去籽）300g

雞肉（或蔬菜）高湯 300ml

洋蔥 1/4 顆

蒜頭 1 顆

調味配料

咖哩粉 1 小搓

鹽巴 適量

黑胡椒粉 適量

烹調步驟

1 南瓜用 200℃烤 20 分鐘，至表面微微焦化

2 鍋中少許油爆香洋蔥與蒜頭，並加入少許鹽巴與咖哩粉

3 南瓜切丁放入鍋中，倒入高湯 250ml 熬煮至南瓜軟化

4 用攪拌棒將南瓜湯打成泥狀

5 最後用高湯（或鮮奶）調整濃稠度，再酌量調味

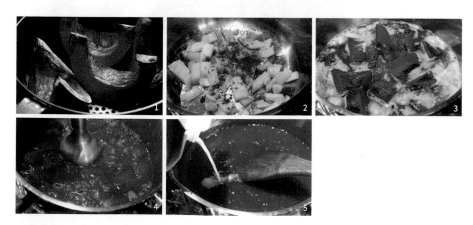

溫馨 Note

• 若沒有攪拌棒，可將湯放涼後用果汁機打成泥狀

• 高湯不要一次全下，保留部分在料理最後調整濃稠度使用

烤遍天下無敵熟

烤雞、焗烤、烤魚、披薩、麵包、蛋糕，各種料理都難不倒~

SO-9135 35L商業用旋風烤箱

上下溫度調整(70°~230°)
發酵功能(40~45°)
安全防爆面板
上下管旋風
內置照明燈
時間開關：60分鐘
消耗功率：1500W
尺寸：49 x 45.5 x 30(cm)

附烤盤、取盤夾、烤網、抽取式麵包屑盤

SO-9150 50L商業用旋風轉叉烤箱

上下溫度調整(70°~230°)
發酵功能(40~45°)
轉叉功能
安全防爆面板
上下管旋風
內置照明燈
時間開關：60分鐘
消耗功率：1500W
尺寸：58 x 45 x 33.5(cm)

附烤盤、取盤夾、烤網、集屑盤、轉叉、取叉夾

K 凱特文化 讀者回函

親愛的讀者您好：

感謝您購買本書，即日起至 2018.08.31 日止寄回讀者回函至凱特文化，即有機會獲得——

a 尚朋堂 11 人份分離式不鏽鋼電鍋
29.5cm（高）×29cm（寬）×29cm（深）
市價 3750 元／ 2 名

b 尚朋堂 9L 雙旋鈕電烤箱
26.5cm（高）×35cm（寬）×26cm（深）
市價 1488 元／ 6 名

c 尚朋堂 IH 智慧觸控電磁爐
8.5cm（高）×32cm（寬）×39cm（深）
市價 2490 元／ 4 名

d 壽滿趣 Sweet Nature 系列
紐西蘭乳狀三葉草蜂蜜（250gm ／瓶）
市價 640 元／ 10 名

煩請依序填妥您的喜愛與需求，以便進行抽獎辨識：

_____ → _____ → _____ → _____

您所購買的書名：莎莎的好感料理

姓名 _____ 性別 □男 □女 出生日期 _____年_____月_____日 年齡_____

地址 _____

E-mail _____ Facebook _____

_____ 學歷 1 高中及高中以下 2 專科與大學 3 研究所以上

_____ 職業 1 學生 2 軍警公教 3 商 4 服務業 5 資訊業 6 傳播業 7 自由業 8 其他

_____ 您從何處獲知本書 1網路 2報紙 3雜誌 4廣播 5電視 6書店 7親友介紹 8其他

_____ 您從何處購買本書 1 金石堂 2 誠品 3 博客來 4 其他

_____ 閱讀興趣 1 財經企管　2 心理勵志　3 教育學習　4 社會人文　5 自然科學　6 音樂藝術　7 養身保健
　　　　　　　8 學術評論　9 文化研究　10 文學　11 傳記　12 小說　13 漫畫

您對本書的建議 _____

_____

_____

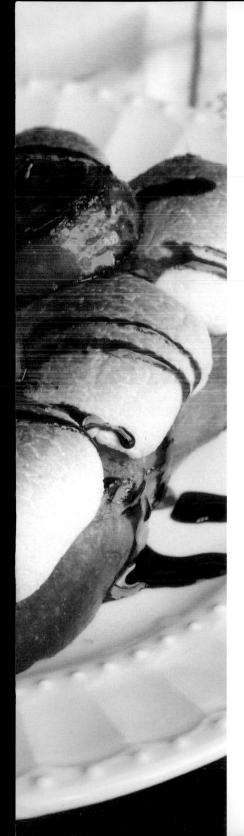

凱特文化 好食光 23

莎莎的好感料理

滿載心意的100道美味提案

作　　　者	蔡佩珊（莎莎）
發　行　人	陳韋竹
總　編　輯	嚴玉鳳
主　　　編	董秉哲
責 任 編 輯	張晴宜
封 面 設 計	萬亞雰
版 面 設 計	萬亞雰
行 銷 企 畫	黃伊蘭
廣 告 業 務	陳宜君
感　　　謝	壽滿趣 ſPT®

製　　　版	軒承彩色印刷製版有限公司
印　　　刷	通南彩色印刷有限公司
裝　　　訂	智盛裝訂股份有限公司
法 律 顧 問	志律法律事務所 吳志勇律師

出　　　版	凱特文化創意股份有限公司
地　　　址	新北市236土城區明德路二段149號2樓
電　　　話	02-2263-3878
傳　　　真	02-2236-3845
讀 者 信 箱	katebook2007@gmail.com
部　落　格	blog.pixnet.net/katebook

經　　　銷	大和書報圖書股份有限公司
地　　　址	新北市248新莊區五工五路2號
電　　　話	02-8990-2588
傳　　　真	02-2299-1658
初　　　版	2018年07月
I S B N	978-986-96201-2-3
定　　　價	新台幣350元

國家圖書館出版品預行編目資料
莎莎的好感料理：滿載心意的 100 道美味提案／蔡佩珊（莎莎）著 . -- 初版 .
-- 新北市：凱特文化創意，2018.7 228 面；17×22 公分 .（好食光；23）ISBN
978-986-96201-2-3（平裝） 1. 飲食 2. 中西食譜　　 427.1　　 107003725

莎莎的
好感料理